U0346681

小牛顿
动物生存高手

小牛顿科学教育公司编辑团队 编著

竞合篇

北京时代华文书局

目 录
contents

共生高手

本单元含视频

关于这套书

　　大自然奇妙而神秘，且处处充满危机，动物们为了存活，发展出种种独特的生存技巧。捕猎、用毒、模仿、角力、筑巢和变性，寄生与附生的生长方式。这些生存妙招令人惊奇，而动物们之间的生存竞争也十分精彩。

　　《小牛顿动物生存高手》系列为孩子搜罗出藏身在大自然中各式各样的生存高手，通过此书，不仅让孩子认识动物行为和动物生理的知识，更启发孩子尊重自然，爱护生命的情操。

合作高手

▶ 本单元含视频

寄生高手

共生高手

　　在大自然里求生存，从来都不是一件容易的事，有些生物在求生的竞赛中，已经不再只是单打独斗，它们选择与其他的生物一起生活，成为形影不离的生存伙伴，建立了"共生"关系，甚至发展成没有对方就活不下去。大至鲸鱼，小至微生物，都可能与其他生物发展出共生关系，共生关系成为这些动物们能够成功生存下来的关键。

扫描二维码回复【小牛顿】

即可观看独家科普视频

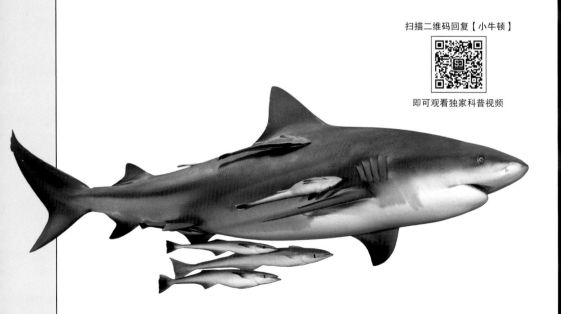

红斑梯形蟹只有五厘米大，如果独自在大海中游荡，很容易被章鱼等掠食动物吃掉，因此，红斑梯形蟹几乎一生都不会离开它的共生伙伴——珊瑚。红斑梯形蟹躲在珊瑚的缝隙中，不容易被天敌抓到，而且它的食物就是珊瑚分泌的黏液。珊瑚提供了住所及食物，而红斑梯形蟹则会帮珊瑚驱赶海星和海螺等会啃食珊瑚的动物。

会吃珊瑚的棘冠海星

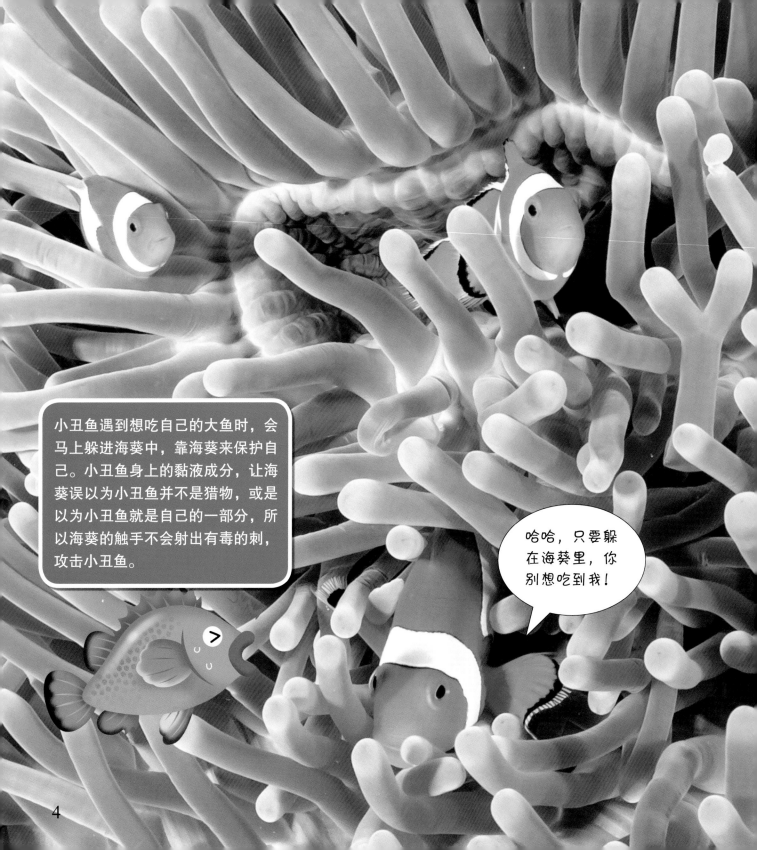

小丑鱼遇到想吃自己的大鱼时，会马上躲进海葵中，靠海葵来保护自己。小丑鱼身上的黏液成分，让海葵误以为小丑鱼并不是猎物，或是以为小丑鱼就是自己的一部分，所以海葵的触手不会射出有毒的刺，攻击小丑鱼。

哈哈，只要躲在海葵里，你别想吃到我！

4

海葵、小丑鱼 房东房客关系佳

　　海葵的触手上充满着许多有毒的刺细胞，是海葵捕食及防卫的工具，一般的鱼类只要碰到海葵，会立刻被刺得全身麻痹，成为海葵的食物，不过小丑鱼却选择居住在有毒的海葵中，成为海葵的房客。因为没有其他大鱼敢游进海葵里，海葵便成了小丑鱼最好的避难所，只要躲进海葵中，就不会被吃掉，而海葵吃剩的食物残渣，也成为小丑鱼的食物之一。小丑鱼则会为海葵清理身体，去除寄生虫，也会帮忙驱赶想吃海葵的入侵者，例如蝶鱼。不过，小丑鱼为什么不会被海葵的刺细胞攻击呢？原来小丑鱼的身上，有特殊的黏液，这些黏液让小丑鱼免于被海葵攻击，小丑鱼便可在海葵的触手里自由穿梭。

不同种类的小丑鱼，固定与某些种类的海葵共生。

5

枪虾从不吝啬把自己辛苦挖的巢分享给虾虎鱼一起住。

虾虎鱼的腹鳍特化成吸盘状，可以吸附在岩石或珊瑚上，也可以在海底沙地上用鳍走动。虾虎鱼在看守时，就像是趴在洞口一样，而枪虾则是一直忙进忙出，清理且整修洞穴。

枪虾、虾虎鱼 守望相助好室友

　　以海底沙地为家的枪虾，喜爱挖洞为家作为掩蔽，但它们的视力很差，在洞穴外觅食时，常因为来不及躲避危险，而被敌人捕食。虾虎鱼则是视力很好、动作敏捷的小型肉食性鱼类，但是它们不会挖洞，没有能躲藏的巢穴。因此，枪虾和虾虎鱼住在一起，互相帮忙，枪虾将它挖的洞，分享给虾虎鱼同住，平时枪虾负责修筑、清理洞穴，虾虎鱼则负责守卫的工作，一发现有掠食者靠近，虾虎鱼会立刻拍动尾巴提醒枪虾，一起躲进洞里，避开危险，一会儿过后，虾虎鱼会从洞穴探出头，查看危险是否已过，确认安全后，它们又会再度回到自己的工作岗位。

枪虾通常会跟虾虎鱼住在一起，虾虎鱼若是离开了枪虾，枪虾很容易遭受到敌人攻击。

7

僧帽水母又被称为葡萄牙战舰。它不像一般的水母能够游动，只能漂在海上，跟着风和水流，到处漂流，有时会被海浪冲到海滩上而死亡，但是死亡的僧帽水母仍然具有毒性，不能随便触摸。

僧帽水母、双鳍鲳 随海漂流好旅伴

　　僧帽水母的触须上有许多带有剧毒的刺细胞，其他鱼是避之唯恐不及，生怕成为它的食物，但是双鳍鲳却不怕它，穿梭在它的触手间生活，虽然看似危险，但对双鳍鲳而言，与危险的僧帽水母生活在一起，反而可以让它免于被其他大鱼攻击，活得更安全。而双鳍鲳则会引诱其他肉食鱼类靠近，这些鱼正好可以成为僧帽水母的食物。双鳍鲳可以在危险的触手间生活，是因为它独特的皮肤构造，对水母毒液的抵抗能力很强，但它也不是完全对僧帽水母的毒液免疫，所以双鳍鲳还靠着它灵活敏捷的动作，躲开僧帽水母较巨大、较毒的触手。

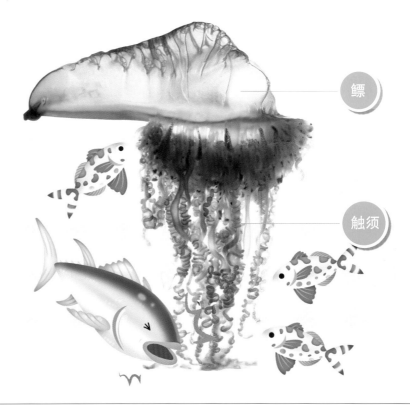

鳔

触须

僧帽水母上方膨大的构造是鳔。鳔里面充满气体，让它能够浮在水面上。下方则是它的触须，触须最长可以达到 50 米长，长触须上有许多刺细胞，可以捕捉猎物。

9

鮣鱼的体长将近一米，而且游泳速度很快，可以抢食鲨鱼捕到的猎物，却不会被鲨鱼吃掉。鮣鱼并不会一直吸附在鲨鱼身上，有时候它们会离开鲨鱼，单独生活。鮣鱼头部的吸盘构造，是由背鳍特化而来，呈椭圆形，有二十个左右的横线，一旦接触到想要吸附的对象，鮣鱼就会挤出吸盘中的水，靠着水的压力，稳稳地吸住对方，甩都甩不开。

鲫鱼不只会吸附在鲨鱼身上，只要是大型的海洋动物，例如海龟、鲸鲨等，它都会跟着它们，到处移动。

鲨鱼、鲫鱼 黏得紧紧的同伴

　　鲨鱼非常凶狠，很少有鱼敢主动接近它，不过鲫鱼却时常跟在鲨鱼的旁边。鲫鱼有细长的流线型身躯，游泳速度很快，不过，爱偷懒的鲫鱼老爱搭便车，它经常用头顶的吸盘吸附在体型比自己大的动物身上，就不用花力气自己游泳。鲫鱼经常吸附在鲨鱼身上，搭鲨鱼的便车，鲨鱼吃东西时，鲫鱼还可以捡食物残渣来吃。跟在鲨鱼旁边，也可以得到鲨鱼的保护，因为鲨鱼是海中掠食霸主，其他掠食鱼类根本不敢靠近。不过鲨鱼跟鲫鱼的共生关系，只有鲫鱼获得比较多的好处。

藤壶

藤壶最常附着的位置，是鲸鱼的头部，因为这里水流最强劲，也是浮游生物最丰富的地方，其次则是鲸鱼的胸鳍和尾鳍的位置，此处常有被卷起的涡流，也有丰富的浮游生物。藤壶只要把触手伸出，就可以滤食浮游生物。

藤壶、鲸鱼 甩都甩不开的关系

　　体型仅有一两厘米大的藤壶，没有移动的能力，只能伸出羽毛状的触手，在大海里滤食小型浮游生物为生，如果水流不够强，或者四周的浮游生物太少，藤壶就只能在原地饿死。因此，藤壶为了可以到处移动，选择附着在鲸鱼的身上，搭着鲸鱼的便车，就可以到处移动，捕食到更丰富的浮游生物，还能够躲避掠食者的打扰。藤壶的黏着力很强，甚至会深入鲸鱼的皮肤里，因为鲸鱼的皮肤厚，所以不会造成很大的伤害。不过，在共同生活的关系中，却只有藤壶可以从中得到好处。

触手

想吃我，没那么容易，看招！

拳师蟹是生活在珊瑚礁上的小型蟹类，双螯细长，适合夹起海葵防身，因为看起来就像戴着拳击手套，所以被称为拳师蟹。拳师蟹如果掉了一只海葵，它还会把剩下的海葵撕成两半，海葵的再生能力很好，隔一段时间就会再长回完整的海葵。

拳师蟹、海葵 形影不离好同伴

　　拳师蟹是螃蟹界的小不点，身长不到五厘米，既没有凶狠的大螯，也没有高超的伪装，为了保护自己，拳师蟹选择与有毒的海葵成为同伴。拳师蟹会用它的一对前螯，分别抓住一只海葵，就像是拉拉队员抓着彩球一样。当遇到危险时，拳师蟹就会挥舞前螯，利用这双海葵手套把敌人吓跑。而不能快速移动的海葵，被拳师蟹抓着到处移动，只要轻松地张开触手，就能够捕捉到更多食物，当有海葵的天敌出现时，拳师蟹也可以带着海葵逃跑。

拳师蟹身上有许多的花纹，可以让它们隐身在环境中。

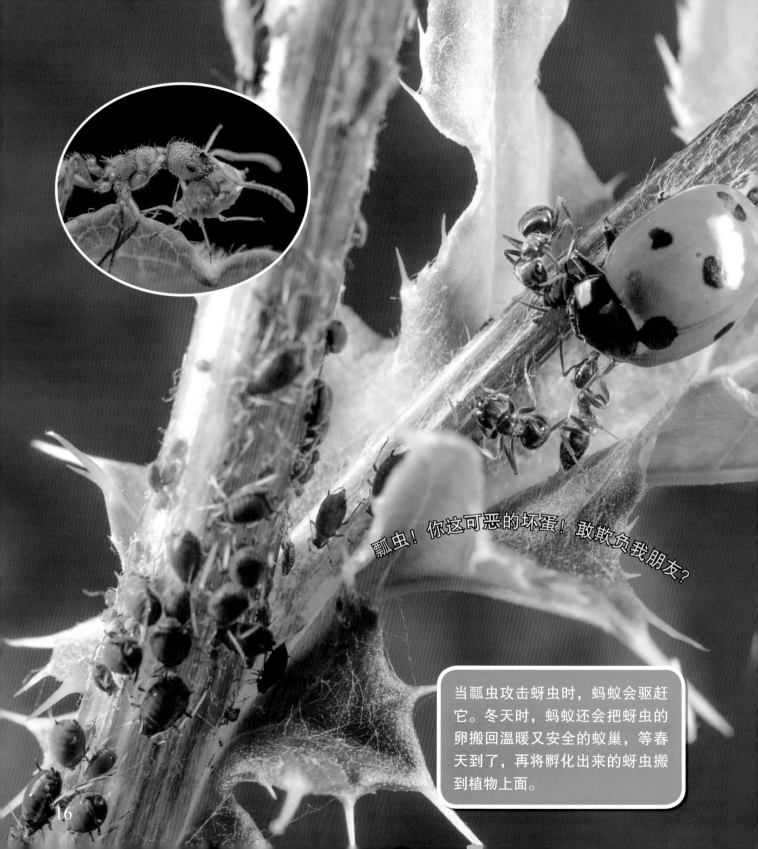

瓢虫！你这可恶的坏蛋！敢欺负我朋友？

当瓢虫攻击蚜虫时，蚂蚁会驱赶它。冬天时，蚂蚁还会把蚜虫的卵搬回温暖又安全的蚁巢，等春天到了，再将孵化出来的蚜虫搬到植物上面。

蚂蚁、蚜虫 得到回报的照顾

　　蚜虫专门吸食植物的汁液，它的移动速度很慢，也没有尖牙、利爪可以当武器，一旦出现瓢虫等会吃它的天敌，可以说是毫无招架之力。幸好，蚜虫有一群实力强大的保镖——蚂蚁，蚂蚁会驱赶蚜虫的天敌，保护蚜虫不受攻击。蚂蚁这样的行为，其实是在保护自己的"食物"，因为蚜虫在吸食植物汁液的同时，尾部会分泌"蜜露"，蜜露是蚂蚁爱吃的食物，蚂蚁为了美味的食物，成为了蚜虫的贴身保镖，甚至，当植物的汁液不够蚜虫吃的时候，蚂蚁还会把蚜虫搬到其他植物上。

蚜虫分泌出的蜜露，是蚂蚁喜欢吃的食物之一。蚂蚁会用头部的触角轻轻按摩蚜虫，刺激蚜虫排出蜜露，蚂蚁就能吃到香甜可口的蜜露了。

小灰蝶幼虫身上有喜蚁器，会散发荷尔蒙，吸引蚂蚁前来。有些种类的小灰蝶幼虫分泌的荷尔蒙，还会让蚂蚁误以为它们是自己的幼虫，因而把它们搬回巢中照顾、喂养，最后甚至也会在蚂蚁巢中结蛹，继续受到蚂蚁的保护，直到羽化为蝴蝶，才会离开。

蚂蚁、小灰蝶专属保镖

　　小灰蝶的种类很多，它们的幼虫体型都很小，而且很脆弱，容易受到攻击，为了生存下去，它们利用身上的喜蚁器，向四周散发出独特的荷尔蒙气味，这种气味可以吸引蚂蚁前来。蚂蚁只要一接收到信号，会很快地找到幼虫，成为幼虫们的保镖，蚂蚁可以保护小灰蝶幼虫，不被蜘蛛、寄生蜂攻击。而小灰蝶幼虫背部则有蜜腺，蚂蚁会用触须按摩幼虫背部，刺激蜜腺分泌蜜露，蜜露就是蚂蚁的甜美奖品。

有些种类的小灰蝶能够嗅到蚂蚁窝的味道，把卵产在蚂蚁窝的附近，让蚂蚁可以更快接收到幼虫散发的荷尔蒙信号。

因为藻类需要阳光，和藻类共生的珊瑚，分布范围多在水深 50 米内，阳光可以穿透的地方。珊瑚因共生藻而呈现多种颜色，但当光线、水温等环境条件不适合共生藻生存时，藻类也会离开珊瑚，而使珊瑚失去多彩颜色，产生白化现象。

珊瑚、共生藻 关系紧密

　　海中的珊瑚是许多珊瑚虫集合在一起形成的，有着各种缤纷的色彩，不过，珊瑚虫本身并没有颜色，珊瑚所呈现出来的颜色，其实是珊瑚虫体内，与它一起生活的藻类的颜色。珊瑚体内的藻类，白天会吸收阳光，进行光合作用制造养分，这些养分除了自己使用外，还可以提供给珊瑚使用，让珊瑚稳定成长，而藻类也随着珊瑚长大而增生，族群数量在珊瑚体内稳定增长。珊瑚与藻类的合作关系十分紧密，已经形成无法分离的伙伴关系，珊瑚若是没有这些共生藻，通常都没有办法存活下去。

共生藻

珊瑚虫

珊瑚虫的口部四周有触手，可以捕捉浮游生物为食，不过，和藻类共生的珊瑚虫，营养来源则多为共生藻所制造的养分。

白蚁是群体生活的昆虫，以干枯的植物作为食物，有些种类的白蚁会在倾倒死亡的树木中筑巢，并以木材作为它们的食物。

白蚁、鞭毛虫 相依相存

　　白蚁的食物是木材，但其实白蚁自己并没有办法消化木材，白蚁之所以可以从木材中获得养分，是因为它的消化道里面住着一种特别的小生物——鞭毛虫。鞭毛虫能够分解木材纤维质，白蚁吃进去的木材，就是由鞭毛虫来帮忙消化，鞭毛虫可以把木材转变成可以吸收、利用的养分，这些养分不只鞭毛虫自己可以使用，白蚁也可以获得这些养分。白蚁的体内若是没有了鞭毛虫，不管吃再多木材，也没办法取得足够的养分，生存下去。

白蚁体内的鞭毛虫可以分泌纤维素酶，纤维素酶可以将木材的纤维素，分解为糖类，白蚁就能吸收利用这些糖类。

河马除了在夜晚的时候，会上岸吃草之外，其他的时间都泡在水里，身上很容易附着藻类、水蛭。这些生物可能会让河马生病。不过还好，河马在水中时，身边经常围绕着许多的鱼，这些鱼以河马身上的寄生虫、藻类和死皮为食物，可以帮河马清理身体，它们甚至还会帮河马清洁牙缝和舌头。

合作高手

　　自然界中，生活在同一个地方的动物们，彼此间有时会出现特别的合作关系，这些合作，通常都是为了生存所发展出来的。动物们用自己的优点，弥补对方的缺点，彼此合作，从海中的鱼、虾，到陆地上的大型动物，甚至是凶猛的掠食动物，都可能与其他动物，演变出合作关系，这种合作关系，虽然并不一定十分必要，但能帮助动物们在严峻的大自然中，争取更多一些的生存机会。

扫描二维码回复【小牛顿】

即可观看独家科普视频

裂唇鱼、海鳗 良好医病关系

　　裂唇鱼是海中的小型鱼类，它的食物是其他鱼身上的寄生虫与死皮，当海鳗需要清理身体时，它会主动游到裂唇鱼的附近。裂唇鱼就会游到海鳗身边，为它清理寄生虫及去除死皮。海鳗虽然是凶猛的掠食性鱼类，但它却不会吃掉裂唇鱼，当裂唇鱼靠近时，它还会乖乖张开大嘴，等着裂唇鱼帮它清理牙缝。裂唇鱼不只有美味的食物可以吃，与巨大的海鳗待在一块儿，其他的鱼就不敢靠近，也就不必担心被其他大鱼攻击。

海鳗非常凶猛，裂唇鱼只要待在海鳗的旁边，就没有其他动物敢轻易攻击它。

鱼没办法自己除掉身上的寄生虫和死皮，或是清理卡在牙齿上的肉屑，只能请裂唇鱼帮忙。裂唇鱼看似很不起眼，却是鼎鼎有名的"鱼医生"，它们通常会待在海中的固定区域，当有鱼需要清理身体时，就会主动游到此处，让裂唇鱼吃掉身上的寄生虫与死皮。

缟獴喜欢吃昆虫蜗牛、小型爬行动物等小动物，它们也会吃爬行动物及鸟类的蛋。缟獴是集体生活的动物，一个家族里，平均有 20 只缟獴生活在一起。

疣猪、缟獴 虫虫交易好朋友

　　不同种类的哺乳动物之间，相互帮助的例子非常罕见，但是生活在非洲的缟獴和疣猪，这两种截然不同的动物之间，却有着不可思议的信任关系。当疣猪的皮肤上长了太多的寄生虫，痒得受不了的时候，只要看到缟獴，疣猪就会安静地躺下，让缟獴替自己抓掉寄生虫。疣猪身上的跳蚤、蜱等吸血寄生虫，正是缟獴爱吃的食物之一，为了要彻底抓出每一只寄生虫，它们甚至会一大群爬到疣猪的身上，把疣猪身上每一寸肌肤都彻底搜刮一遍，饱餐一顿。

当缟獴帮疣猪清理寄生虫时，通常会出动一整个家族，来帮疣猪抓身上的寄生虫。

29

牛背鹭、水牛 肩上好伙伴

　　只要是水牛出没的地方，总是少不了一种白色的水鸟——牛背鹭。牛背鹭很喜欢聚集在水牛的四周，为的是捕捉水牛移动时，受到惊吓而四处窜逃的昆虫和蜥蜴。水牛的腿又粗又壮，四处走动时，能够把那些躲在草丛中的动物驱赶出来，牛背鹭就可以立刻捕捉它们，牛背鹭还会直接站在牛的背上搭便车，而且站在牛的背上也可以看得更远、更清楚。当牛背鹭发现有敌人靠近，就会马上飞走，同时水牛也会知道危险出现，可以马上逃跑。

牛背鹭喜欢吃昆虫、蜥蜴或青蛙等小动物，而水牛经常会惊吓到草丛中的小动物，让牛背鹭轻松找到下一餐。

牛椋鸟、草食动物除虫兼警报器

　　非洲草原上，只要是大型草食动物出没的地方，总是少不了牛椋鸟，它们是草食动物们最亲密的邻居，几乎随时都站在草食动物的身上，吃它们身上的跳蚤、虱子和吸血苍蝇等寄生虫，也会吃它们身上的死皮和耳垢。因为牛椋鸟站得高、看得远，也会随时保持警戒，一旦有狮子、豹等掠食动物靠近，牛椋鸟就会立刻发出嘶嘶的尖叫声，大声警告大家，动物们听到警告，就能及早逃命，躲过攻击。

如果动物的皮肤上有伤口，站在上面的牛椋鸟有时也会吸食伤口的血，甚至会用鸟喙啄伤口，让伤口流出更多的血，这时，牛椋鸟就变成恼人的存在，动物就会将牛椋鸟赶跑。

牛椋鸟遇到危险时，会大声警示，动物们听到声音，就能够及时逃跑。

33

没有海葵保护的寄居蟹，容易遭受敌人攻击。

寄居蟹、海葵——一起旅行的好同伴

寄居蟹自己没有壳，但是会捡拾死掉螺类的壳，来作为自己的家。有些种类的寄居蟹，为了避免被敌人攻击，还会把海葵粘在螺壳上。它们会用大螯，把原先附着在礁石上的海葵拔起，移到螺壳上，让海葵固着在螺壳上，当作防身的武器。寄居蟹利用有毒的海葵来保护自己，而被寄居蟹带着跑来跑去的海葵，也因此可以四处移动，捕猎到更多的食物。

有些寄居蟹，会捡拾海葵，让海葵附在壳上，保护自己。当寄居蟹长大了，需要换壳时，寄居蟹还会把旧壳上的海葵拔起，再粘到新壳上。

水石鸻、尼罗鳄 守蛋好搭档

　　身长 6 米、身披厚铠甲、满嘴尖牙的尼罗鳄，与身长不到 50 厘米、瘦弱娇小的水石鸻，是共同照顾孩子的好邻居。繁殖季时，雌尼罗鳄会在离河岸不远的沙地中下蛋，并且留守在四周，以防有人想吃掉它的蛋。而也在地上筑巢的水石鸻，会选择在尼罗鳄的巢附近筑巢，当尼罗鳄保护自己的巢时，同时也保护了它的巢。有时候雌尼罗鳄会离开巢去猎食，这时如果有敌人趁机闯入，想偷蛋吃，在巢中留守的水石鸻就会大叫，通知雌尼罗鳄，有偷蛋贼入侵，雌尼罗鳄就能及时赶回驱赶入侵者。

尼罗河巨蜥会吃水石鸻跟尼罗鳄的蛋，当巨蜥靠近时，水石鸻会展开双翅，展现凶狠的模样，赶跑巨蜥，以保护自己的蛋。

一旦出现爱吃蛋的敌人，水石鸻就会大叫，呼叫尼罗鳄来帮忙驱赶敌人。

当水石鸻发现尼罗河巨蜥出现，不只会发动攻击，击退巨蜥，也会发出叫声，通知尼罗鳄，让巨大的尼罗鳄也一同来把巨蜥赶跑。

长颈鹿、斑马 顾上顾下保安全

非洲大草原一望无际，没有太多树丛可以当作遮蔽物，长颈鹿、斑马、牛铃等草食动物体型很大，远远地就会被狮子和豹看到，随时可能被偷袭。长颈鹿和斑马因此有了互相通报的合作关系。长颈鹿喜欢抬头吃树叶，斑马喜欢低头吃草，长颈鹿长得高、看得远；斑马则有灵敏的听觉。当斑马低头时，长颈鹿就帮忙放哨；当长颈鹿抬头吃树叶时，斑马就聆听四周动静，只要其中有一只发现掠食者的踪迹，发出警示，大家就可以一起逃命。

狮子来了！
大家快跑呀！

又被发现了……

草食动物主要的防御方式就是逃跑，和掠食者比速度和耐力，因此，越早发现掠食者，越容易摆脱追捕。万一落单了，不仅不容易发现危险，还很容易被包围，很快就会成为掠食者的食物。

蜜獾、响蜜䴕 猎蜜好搭档

生活在非洲草原的蜜獾什么都吃，包括蝎子、老鼠、眼镜蛇都是它的佳肴，但它最喜欢吃肥嫩多汁的蜜蜂幼虫和蜂蜜，而且，它有厚实的毛皮，不怕被蜜蜂螫；响蜜䴕则爱吃蜂蜜和蜂蜡，为了美食，蜜獾和响蜜䴕建立了合作关系。响蜜䴕能跟踪蜜蜂，找到蜂巢，但是无法吃到里面的蜂蜜，因此，响蜜䴕便寻求破坏力十足，又不怕蜂螫的蜜獾帮忙。响蜜䴕会引起蜜獾注意，再用叫声一路将蜜獾带到蜂巢处，等蜜獾破坏蜂巢、吃掉幼虫之后，它就能享用蜂蜜和蜂蜡了。

蜜獾是凶猛的肉食性动物，身长约1米。蜜獾的胆子很大，常攻击体型比自己还大的动物。

响蜜䴕的鸟喙很短，不适合在蜂巢中采食，也没办法破坏蜂巢，于是当它发现蜂巢时，会发出叫声，引爱吃蜂蜜的动物过去。响蜜䴕找蜜獾帮忙时，一开始会故意飞去啄蜜獾的头，惹蜜獾生起气来追赶它，再一边飞一边叫，引蜜獾到蜂巢前面。

郊狼、美洲獾取长补短

　　美洲草原上，郊狼和美洲獾都是凶猛的掠食动物，它们为了吃到美食，也发展出了合作关系。郊狼和美洲獾都爱吃土拨鼠。土拨鼠会在地底下挖掘复杂的地道，地道是土拨鼠家族遮风避雨的家，也是躲避敌人的好地方。郊狼嗅觉灵敏，又是追逐高手，但土拨鼠总是一溜烟就躲进地洞中，郊狼不容易抓到它。而美洲獾虽然腿短跑不快，但是擅于挖掘。因此郊狼会靠嗅觉，先追踪到土拨鼠，再让美洲獾负责把洞穴挖开，最后，大家就可以一起享用美味的土拨鼠。

美洲獾的前脚爪是专门用来挖掘地洞的，它挖洞的速度比人拿铲子挖得还要快，它会挖洞找寻食物吃。

郊狼奔跑速度可接近时速 70 千米。

美洲獾挖掘土拨鼠的地洞，郊狼在外等土拨鼠逃窜出来。

43

寄生高手

在复杂又奇妙的大自然里，动物与动物之间的关系千百种，有猎杀，也有共生与合作关系，而有一类动物，它们必须从寄主身上取得自己所需，才能活下去，但是这类动物并不会让寄主很快死亡，会一点一滴对寄主造成伤害。这类动物的行为称为"寄生"。其中有些动物对于寄主的依赖性很强，一旦没有了寄主，就完全无法生存下去。

蛔虫是一种寄生虫，会寄生在动物的小肠里。蛔虫的养分来源是小肠内消化到一半的食物。通常被寄生的寄主，身体并不会出现特别的症状，还能够正常的活动。

跳蚤只有 3 毫米大，它跳跃的高度却可达体长的 90倍，非常惊人。跳蚤并不只是靠肌肉的力量来跳跃，它们的体内还有一种特殊的弹性蛋白，压缩后可以释放大量能量，跳蚤因此可以跳得又高又远。

跳蚤 毛发里的吸血虫

　　跳蚤寄生在哺乳类动物身上，吸食血液为生。因为跳蚤必须寄生在寄主身上，才有机会生存下去，因此演变出许多超能力。跳蚤能侦测空气中的二氧化碳浓度，而且对气味特别敏锐，只要附近一有寄主出现，就能立刻察觉。不过，跳蚤没有翅膀，无法飞到寄主身上，但它们有一双长长的后脚，跳跃能力极强，最多可以跳到25厘米高、40厘米远，一跃就能附着到寄主的身上，而且能够在毛发里快速钻动，很难被抓到。

卵

幼虫

蛹

成虫

谁会是我的寄主呢？

跳蚤在寄主身上产卵，但卵通常不会在寄主身上孵化，而是会在寄主周遭的环境中孵化。跳蚤的幼虫并不会吸血，它们以动物尸体或是植物等为食，等到变成成虫后，才会开始寻找寄主。

水蛭吸血的同时，还会注入水蛭素。水蛭素含有多种成分，有麻醉、血管扩张、抗凝血的功能。

水蛭吸血时，身体会因为吸进大量血液而膨胀。大概过半小时，水蛭吃饱后，就会自己掉落下来。

水蛭、蜱 吃饱才放开

　　大部分的水蛭生活在河流附近，或是比较潮湿的地方，其中有些种类的水蛭，是以其他动物的血作为食物。这类的水蛭，一到达吸血目标的身上，就会开始寻找吸血的位置，定位后，就会用嘴里的利齿，在皮肤上切出小洞，然后开始大吸特吸。它们身体前后都有吸盘，可以牢牢固定在动物身上，就算寄主奔跑，也不容易被甩下来，等它们吃饱后，就会自行松脱，掉落下来。

　　蜱也是一种靠吸血为生的动物，它们会躲在草丛中，等待寄主经过，然后趁机黏附到寄主身上。蜱吸血的同时，还会释放抗凝血剂，避免寄主的血液凝固。蜱在吸饱血后，身体会鼓得很大，吸完血后的身体是没吸血前的好几倍大。

蜱吸饱血后，会从寄主身上掉落下来。

49

双盘吸虫在蜗牛的眼柄里不断扭动，吸引鸟来吃它们。

双盘吸虫会转换寄主，在蜗牛的体内长大后，须转移到鸟的身体里，产卵以延续生命。因此它们会改变蜗牛的行为，让自己容易被鸟注意到而被吃掉。

双盘吸虫制造僵尸蜗牛

蜗牛平常生活在潮湿、阴暗的地表附近，但是有时候，有些蜗牛会突然远离阴暗的地表，拼命往明亮的高处爬。造成这一切诡异现象的凶手，就是双盘吸虫。双盘吸虫会寄生在蜗牛的体内，吸食蜗牛身体的养分，等到它们发育成熟，准备要繁殖后代时，就会移动到蜗牛的头部，改变蜗牛的行为，让原本怕光的蜗牛，变成有趋光性，不断往明亮的高处爬。接着双盘吸虫会钻进蜗牛的眼柄，让蜗牛原本细细的眼柄肿起，并在开阔的树顶上蠕动，吸引鸟来吃它们，双盘吸虫就能够借此转换寄主，变成寄生在鸟的身上，并且在鸟的体内产卵，继续繁衍下一代。

双盘吸虫在鸟的体内产卵，卵随着鸟粪便排出，如果又有蜗牛不小心吃了被感染的鸟粪，又会再度开启下一轮生命循环。

海葵虾 啃食寄主

　　海葵虾居住在海葵身上，海葵就是它的避难处，它遇到危险时，会躲在海葵中，让有毒的海葵保护它。不过海葵虾并不是好房客，当食物不够吃的时候，海葵虾会把海葵的食物抢走，让海葵没东西可以吃，甚至还会用自己的大螯，剪下海葵，作为自己的食物。海葵就算有刺细胞，也不能反击，因为海葵虾会把海葵分泌的黏液覆盖在自己身上，让海葵误以为它也是海葵，所以不会对它发动攻击。

海葵虾身上除了白色的斑点外，全身几乎透明，身上的颜色也演变成跟寄主海葵很像，几乎和四周环境融为一体，很难发现它的存在。

海葵虾对于海葵可是不会手下留情，只要食物不足，就会直接将海葵的触手剪下吃掉。

53

八目鳗 海中吸血怪

　　海中有名恶名昭彰、专吃大鱼的小怪物，就是八目鳗。八目鳗长得像鳗鱼，但却不是真正的鳗鱼，它们是一种很原始的动物，甚至没有上颌、下颌的构造，大大的嘴巴像个吸盘，里头长满了一排排、密密麻麻的尖牙，它们用尖牙刺入寄主的皮肤中，任何鱼一旦被八目鳗咬住，就很难脱身，只能被它们无情地吸血。八目鳗可以附着在寄主身上很长时间，而即使八目鳗离开了，也会在寄主身上留下一个大大的圆形伤口。如果寄主身上同时附着了太多的八目鳗，甚至还可能葬送掉性命。

八目鳗的嘴是圆筒型，里面许多的尖牙，可以咬破寄主的皮肤，吸血啃肉。它们的嘴也像吸盘一样，可以紧紧吸在寄主身上，甩都甩不开。

八目鳗又叫作七鳃鳗，因为它们的身体两侧，各有 7 个鳃孔，7 个鳃孔远看就像眼睛一样，所以才有八目鳗这个名字。八目鳗可以长到 60 厘米长，八目鳗幼鱼吃动植物的残骸，是腐食性动物，长大后，才开始寄生在其他鱼身上。

图书在版编目（CIP）数据

动物生存高手. 竞合篇 / 小牛顿科学教育公司编辑团队编著. —— 北京 : 北京时代华文书局，2018.8
（小牛顿生存高手）
ISBN 978-7-5699-2488-6

Ⅰ. ①动… Ⅱ. ①小… Ⅲ. ①动物—少儿读物 Ⅳ.①Q95-49

中国版本图书馆CIP数据核字(2018)第146520号

版权登记号 01-2018-5057

文稿策划：蔡依帆、刘品青、廖经容、许佳榕
照片来源：
Shutterstock：P2～56
插画：
Shutterstock：P18、P21
赖铃雯：P4、P9、P14、P17、P23、P29、P39、P41、P43、P48～51、P53、P55
杨力蒓：P36
陈昭如：P46～47

动 物 生 存 高 手 竞 合 篇
Dongwu Shengcun Gaoshou Jinghe Pian

编　　著｜小牛顿科学教育公司编辑团队

出 版 人｜王训海
选题策划｜王训海
责任编辑｜许日春　沙嘉蕊
校　　对｜张小蜂
装帧设计｜九　野　孙丽莉
责任印制｜刘　银

出版发行｜北京时代华文书局 http://www.bjsdsj.com.cn
　　　　　北京市东城区安定门外大街138号皇城国际大厦A座8楼
　　　　　邮编：100011　电话：010-64267955　64267677
印　　刷｜小森印刷（北京）有限公司　010-80215073
　　　　　（如发现印装质量问题，请与印刷厂联系调换）
开　　本｜889mm×1194mm　1/20　印　张｜3　字　　数｜37.5千字
版　　次｜2018年8月第1版　印　　次｜2018年8月第1次印刷
书　　号｜ISBN 978-7-5699-2488-6
定　　价｜28.00元